一餐不到
500 kcal

玻璃罐
瘦身轻食

（日）北嶋佳奈 著

邢俊杰 译

辽宁科学技术出版社
·沈阳·

前 言

把蔬菜放在玻璃罐里漂亮地叠起来，这样做成的玻璃罐沙拉最近真的很流行呢！各种颜色的新鲜蔬菜重叠放在晶莹剔透的玻璃罐中，看起来是那么可爱又健康。既可以代替便当轻松带着走，也可以一次做好放到忙碌的时候慢慢吃，这些都是它得以如此风行的理由吧！

作为一位营养师，我要经常构想一些对美容、瘦身有效果的食谱。我觉得只要用玻璃罐，大家绝对都能轻松地做出适合的料理。不仅如此，玻璃罐料理的外观也非常可爱，光看就会让人振奋起来！讲到这里，应该已经没道理不好好活用它了吧！

本书要介绍的是以 480ml 玻璃罐为容器且每餐热量低于 500kcal 的食谱。不只沙拉，还有很多可以吃得饱的饭、面等的食谱。保证营养均衡、分量充足且每罐的热量都在 500kcal 以下。为了控制热量，我把油的用量控制得很低，而且我不喜欢塞得太紧。这些是我每天都在做的事，所以各种可能的状况我都想过了，基本上照着食谱做是不会有任何困难的。玻璃罐是透明的，配色好不好一目了然，可以做蔬菜超多的天然料理也是它的优点之一。

既能轻松愉快地享受美食，又能美美地瘦下来……让我们从今天开始一起养成食用玻璃罐美食的习惯吧！

营养师　北嶋佳奈

Contents 目 录

Part 1

不到 500kcal，好开心！

低热量也可以吃饱饱！
饭和面的玻璃罐食谱

米饭

意大利面

其他面类

Part 2

+ 饭团、面包也不超过 500kcal！

色彩缤纷且营养充足
玻璃罐沙拉食谱

使用白酒醋拌酱的沙拉

Part 3

当然也是 500kcal 以下！

超适合当早餐或下午茶
玻璃罐饮品

Column

本书的使用方法

※ 本书基本上是使用美国 Ball 公司制造的 480ml 梅森罐盛装。但也有部分食谱是以容易制作的分量来标示。

※ 本书的计量方式是 1 杯 =200ml、1 大匙 =15ml、1 小匙 =5ml。

※ 微波炉的加热时间是以 600W 的功率为基准，如果使用的微波炉是 500W，时间就改成约 1.2 倍，700W 就改成约 0.8 倍，以此类推。
   加热时间也会因机型而异，请视实际情况自行调整。

※ 米饭、配菜等要先摊开在平台上，尽量等热气散尽再装入玻璃罐中。如果趁热就塞进去，饭菜会不容易变凉，而且湿气会过重，变成
   细菌的温床，进而可能导致食物中毒。

※ 便当等若需长时间置于常温下，鸡蛋会很容易变质，所以最好能煮到全熟。

※ 本书标示的保存期限是概略值，会因保存状态而异，请视实际情况尽早食用完毕。

※ 热量的数值是以 "2010 年日本食品标准成分表" 为基础计算出来的。

※ 梅森罐 (螺纹式附盖玻璃罐) 等玻璃罐请煮沸消毒后再使用。煮沸消毒的程序如下。

① 用洗涤剂把罐身及盖子彻底清洗干净。

② 把①放入锅中，加入大量的水并开大火。

③ 盖子是沸腾后 2 分钟取出，罐身则是 5 分钟后取出，放在干净的布上晾干。

越吃越漂亮的美食之旅
你准备好开始了吗?

想健康漂亮地瘦下来,或是想保持目前体型的人,看这本玻璃罐食谱就对了。

简单、美味而且充满变化,绝对不会腻,可以一直坚持下去。

可边吃
边瘦的原因
1

热量控制
很容易做到!

摄取的热量很容易因为一时的疏忽而超标,而玻璃罐可以帮我们维持对热量的戒心。如果每餐的热量可以控制在 500kcal 以下,持续下去定能实际地感受到成效。玻璃罐的容量是固定的,很容易知道自己吃了多少,所以吃的量也就自然会在掌控当中。饭的量以及加入的肉或奶酪的种类等,只要掌握 P.8 介绍的几个诀窍,就可以自行将本书的食谱做一些变化,且仍能将热量控制在 500kcal 左右。

424kcal

可边吃
边瘦的原因
2

不到 500kcal
也可以吃得很满足!

本书将大量的蔬菜与高蛋白食材组成最佳组合,虽说只有 500kcal,分量却绝对能让人满足!调味也很够,不会有少了什么的空虚感,所以一定可以开开心心地坚持下去。

可边吃
边瘦的原因
5

做得这么可爱是有原因的！

玻璃罐料理的特色是什么？当然就是缤纷可爱啰！各种颜色的蔬菜层层重叠，这可爱的模样大大提升了每天坚持的动力。此外，颜色越多就表示营养越多。想要把它做得很漂亮的念头直接成就了健康节食的效果。

可边吃
边瘦的原因
3

制作方法很简单
营养也很均衡！

本书介绍的食谱都很简单，再忙碌的人也能轻松搞定。玻璃罐中的食材都经过专业的设计调配，能保证营养均衡，不需再花时间想吃什么或是搭配什么小菜。饭或面的食谱都是只要一罐，就能摄取到均衡的营养，且热量都在 500kcal 以下。沙拉再额外搭配些主食也都不会超过 500kcal。

可边吃
边瘦的原因
6

用手边的材料就可以做
随时都能立即开始！

梅森罐是一种附螺纹盖、气密性极佳的保存用玻璃罐。此外，食谱中所列出的材料也都是平常就在身边的东西。只要下定决心，马上就能开始。之后也一定可以快乐地坚持下去。

可边吃
边瘦的原因
4

方便携带且更易存放！

饭或面也可以前一晚或当天早上做好，然后当成便当带出门。螺纹式的盖子密封性很好，无须担心汤汁会在携带途中溢出来。沙拉放在冷藏室中可以保存数天，所以可以有空的时候一次做出来，只要搭配面包或饭团吃，就是营养均衡的一餐。再忙碌的人也可以每天享受低热量的美味餐点。

这样更好吃喔！

倒过来放
5~10 分钟！

玻璃罐中的饭、面、沙拉都可以用叉子或汤匙直接取食。拌酱基本上是放到罐底，所以食用前最好先将玻璃罐倒置 5~10 分钟，以便让所有的食材都沾上味道。刚从冷藏室取出来时，拌酱有可能会是凝固的状态，建议先在常温下放置一段时间再吃。如果觉得用罐子吃不方便，倒到盘子里也可以。

把罐装饭食或罐装意大利面等控制在 500kcal 以下的诀窍

用玻璃罐盛装饭食或意大利面等，材料一目了然，所以有容易控制热量的优点。
虽说本书介绍的都是热量在 500kcal 以下的食谱，
不过要是能把这些诀窍学起来的话，就可以自己发挥创意组合喔！

饭要比玻璃罐的一半少一点儿！

饭不要塞得太紧，要松松的。大概装到 200ml 的刻度线，如果没有刻度线的话，480ml 的罐子就是装到比一半少一点点的高度。刚开始最好先用工具量出 100~120g 的量，熟练之后再用目测。

利用较短的意大利面防止过量

意大利面使用笔尖形、螺旋形等的短面，是为了利用其较大的体积来防止放入太多的量。若要使用细长形的面条，则不妨混入一些切片的洋葱来增加体积。

油的用量要压到最低

煎蛋或炒蛋用微波炉做的话，不加油也能很好吃。炒肉糜时，肉本身的油脂会跑出来，所以也可以不加油。

肉要做好降低热量的处理

想用肉糜做肉松时，混入一半的豆腐可以降低热量，而且味道依然很棒。鸡肉一定要把脂肪较多的皮去掉。还有，猪肉不要用带皮五花肉，要用较瘦的肉。

有效活用奶酪

奶酪的口感很浓郁，善用的话可以大大地提高满足感。奶油奶酪的热量比较高，要仔细称量，把用量压到最低。想加较多奶酪的时候，就用热量较低的卡特基奶酪（cottage cheese）。

善用有嚼劲的食材

豆类、坚果类等耐嚼的食材可以带来用餐的满足感。根茎类可以保留一点硬度来营造口感。只要用餐过程中好好咀嚼，就算量不多，腹内也会感到饱足，这样就可以避免吃得太多。

味道要够，不能太清淡

节食期间如若饮食味道太淡，就会让人感觉似乎吃得不够。所以调味还是充足一点儿的好，这样才能有满足感。饭的量一开始就确定好了，所以也不用担心吃得太多。另外，常备菜为了能有效保存，调味也要浓一点儿比较好。

颜色多一点，营养更均衡

每次都一定要加入红、黄、绿等颜色的食材，在这方面多留心，就能摄取到均衡且充足的营养，而且热量也不会太高。另外，肉的用量较多时，就搭配热量较低的蔬菜，这点也是必须注意的。

Rice & Noodle Recipes

不到
500kcal,
好开心！

Part 1

低热量也可以吃饱饱！
饭和面的玻璃罐食谱

在玻璃罐中加入饭或面，

还有蔬菜、肉、海鲜等，就完成不超过 500kcal 的餐点了！

再讲究一下配色，就是一份令人满足且营养均衡的菜单。

装在玻璃罐中不必担心汤汁会溢出来，可爱的外观也会令旁人不禁多看一眼！

保鲜期限很短，外带时请放入保鲜袋中，并于当天食用完毕。

[※ 拌酱食谱请参照 P.46]

Rice

~米饭~

把玻璃罐料理做成像盖浇饭一样华丽，分量感十足，
完全不会觉得是在控制热量。
先把常备食材做好，忙碌时也能迅速准备好。

437
kcal

Teriyaki chicken rice

照烧鸡肉饭

碳水化合物、蛋白质、蔬菜都能均衡地摄取到。让人有饱腹感的牛油果虽然含有丰富的优质脂肪与膳食纤维，但热量很高，要注意不能放太多。

材料 (适合480ml的玻璃罐)

鸡蛋……1 个
色拉油……1/2 小匙
米饭……100g
照烧鸡肉 (做法见本页下方)……80g
牛油果 (去皮去核后切成 2cm 的方块并
　淋上一点柠檬汁)……1/4 个
番茄 (去蒂去籽后切成 2cm 的方块)
　……1/2 个
生菜 (切成 1cm 宽的长条)……1 片

做法

1 用平底锅加热色拉油，打入鸡蛋，做一个小的荷包蛋。用玻璃罐的盖子把多余的蛋白部分切除。

2 依照米饭、照烧鸡肉、牛油果、番茄、生菜、荷包蛋的顺序重叠放入玻璃罐中。

保存期限
冷藏约 1 天 (大约是前一晚做好到次日中午)

先把这个做好!

照烧鸡肉

一次多做一点儿备着，可以用来制作玻璃罐便当，平常用来当作小菜也很棒喔! 鸡腿肉去皮可以降低热量。

材料 (适合480ml的玻璃罐)

鸡腿肉……2 片
盐、胡椒……各少许
太白粉……2 小匙
色拉油……少许
生姜 (切成细丝)……1 块 (拇指大小)
A [酱油、料酒……各2 大匙
　　蜂蜜……1¹/₂ 大匙

做法

1 鸡腿肉去皮后切成一口大小，撒上盐、胡椒、太白粉并稍加搓揉。

2 用平底锅加热色拉油，把**1**煎到微焦的程度。加入生姜丝和**A**，煮到汤汁变浓稠并裹在食材上，即可放入玻璃罐中。

保存期限
冷藏 3~4 日

Ginger pork rice

姜烧猪肉饭

以能促进代谢的生姜和甜咸口味的猪肉料理为主，再配上大量蔬菜，非常健康。有着淡淡香气的绿叶紫苏则可以提高食欲。

材料 <small>(适合480ml的玻璃罐)</small>

米饭……100g
姜烧猪肉（做法见本页右方）
……80g
小番茄（去蒂并切成4等份）
……3个
绿叶紫苏（切成细丝）……4片
甘蓝（切成细丝）……1片

做法

依照米饭、姜烧猪肉、小番茄、绿叶紫苏、甘蓝的顺序重叠放入玻璃罐中。

保存期限
冷藏约1天
（大约是前一晚做好到次日中午）

277 kcal

先把这个做好！

甜咸口味的
姜烧猪肉

把切成小片的猪肉煮成甜咸的日式风味。大量的金针菇和洋葱让料理看起来更加丰富，即使肉不多也分量十足。

材料 <small>(480ml的玻璃罐)</small>

切成小片的猪肉……200g
洋葱（切成薄片）……1个
金针菇（除去尾端的硬根并撕开）……200g
生姜（切成细丝）……1块（拇指大小）

A ⎡ 高汤……1杯
⎢ 酱油……3大匙
⎣ 砂糖、料酒……各2大匙

做法

在平底锅中依次放入A、洋葱、金针菇和生姜，煮沸后加入猪肉并继续煮至汤汁浓稠，装入玻璃罐中。

保存期限
冷藏3~4日

Double beans curry and rice

双豆咖喱饭

在节食期间，如果没有充足地摄取蛋白质，肌肉量就会减少，变成不谷易瘦的体质。所以请享用这道含有丰富豆类、蛋、奶酪的料理。

材料 (适合480ml的玻璃罐)

米饭……100g
马苏里拉奶酪……10g
双豆咖喱 (做法见本页右方)
　……100g
番茄 (去蒂并切成2cm的方块)
　……1/2 个
水煮蛋 (切成 8 等份)……1 个
生菜 (切成 1cm 宽的长条)……1 片

做法

依照米饭、奶酪、双豆咖喱、番茄、水煮蛋、生菜的顺序重叠放入玻璃罐中。

保存期限
冷藏约 1 天
(大约是前一晚做好到次日中午)

400 kcal

先把这个做好！

双豆咖喱

用豆腐和鹰嘴豆做的双豆咖喱可以填饱肚子。同时加入洋葱和胡萝卜等大量的蔬菜，营养非常均衡。

材料 (适合480ml的玻璃罐)

豆腐 (木棉)……75g
猪牛混合肉糜……50g
　蒜 (切细末)……1 大瓣
A　低筋面粉……1/2 大匙
　咖喱粉……1/2~1 大匙
鹰嘴豆 (水煮)……60g
洋葱 (切细末)……1/4 个
胡萝卜 (切细末)……1/8 根
　番茄罐头
　　……1/4 罐 (块状，100g)
B　辣酱油……1 大匙
　高汤块……1/4 个
盐、胡椒……各少许

做法

1 把豆腐用2张厨房纸巾包起来，放入微波炉(600W)中加热约1分钟除去部分水分。

2 把平底锅加热后放入 **1**，压碎并炒干水分。接着加入肉糜和 **A** 拌炒，然后再加入鹰嘴豆、洋葱、胡萝卜并迅速拌炒。

3 加入 **B** 一起煮，用盐和胡椒调味后放入玻璃罐中。

保存期限
冷藏约 1 周

Omelette with rice

蛋包饭

大家都喜欢的蛋包饭也可以放进玻璃罐里当健康餐喔！

这里不需要用蛋饼把茄汁炒饭包起来，而是把饭与微波无油炒蛋交替放入玻璃罐中。

材料 (适合480ml的玻璃罐)

鸡蛋……2 个

A ┌ 牛奶……1 大匙
　└ 盐……少许

黄油……1/2 小匙

鸡腿肉 (去皮去脂后切成 2cm 的小块)
……1/4 个

洋葱 (切成 1cm 的小块)……1/4 个

什锦青豆 (冷冻)……50g

米饭……100g

B ┌ 番茄酱……2 大匙
　└ 盐、胡椒……各少许

生菜 (切成 1cm 宽的长条)……1 片

做法

1 在耐热的碗内把蛋打散，加入 **A** 混合。用微波炉 (600W)加热30秒并取出搅拌，重复3~4次，做成炒蛋。

2 用平底锅加热黄油，放入鸡腿肉、洋葱、什锦青豆拌炒。接着加入米饭并继续拌炒，最后用 **B** 调味。

3 依照一半量 **2** 的鸡肉饭，一半量 **1** 的炒蛋，剩余的 **2**，剩余的 **1**、生菜的顺序重叠放入玻璃罐中。

保存期限
冷藏约 1 日 (大约是前一晚做好到次日中午)

496
kcal

炖辣肉酱

　　把豆子、肉糜、切碎的蔬菜炖煮成香香辣辣的肉酱。即使用量不多，但舌尖上的刺激感觉也很令人满足。配饭的滋味就自不用说，用来搭配面包也很赞喔！

材料　（480ml的玻璃罐）

牛猪混合肉糜……70g
综合豆类……约60g
橄榄油……1/2 大匙
蒜（切细碎）……1 瓣（拇指大小）
红辣椒（对半切开并去蒂去籽）
　……1 根
洋葱（切细碎）……1/4 个
胡萝卜（切细碎）……1/6 根
A ┌ 番茄罐头
　　│　……1/2 罐（块状，200g）
　　│ 番茄酱……1 大匙
　　│ 辣椒粉……1/2 大匙再少一点儿
　　└ 香叶（可选）……1 片
盐、胡椒……各少许

做法

1 在锅中倒入橄榄油，放入蒜末、红辣椒并加热，闻到香气后放入肉糜拌炒。变色后加入洋葱和胡萝卜继续拌炒，撒上少许的盐。

2 加入综合豆类和 **A**，小火慢炖至收干水分，用盐和胡椒调味，放入玻璃罐中。

🫙 **保存期限**
冷藏约 1 周

Taco filling and rice

冲绳塔可炒饭

　　把香辣可口的辣肉酱夹在米饭之间，创造稍稍刺激的口感。软润的牛油果和蛋搭配着爽脆的甘蓝，又是另一种妙不可言的感觉。

材料　（适合480ml的玻璃罐）

鸡蛋……1 个
色拉油……1/2 小匙
米饭……100g
辣肉酱（做法见本页左方）……100g
马苏拉里奶酪……10g
牛油果（去皮去籽后切成2cm的方块
　并淋上一点柠檬汁）……1/4 个
番茄（去蒂去籽后切成 2cm 的方块）
　……1/2 个
生菜（切成 1cm 宽的长条）……1 片

做法

1 用平底锅加热色拉油，打入鸡蛋做一个小的荷包蛋。用玻璃罐的盖子把多余的蛋白部分切除。

2 依照一半量的米饭、辣肉酱、剩下的饭、马苏里拉奶酪、牛油果、番茄、生菜、**1** 的荷包蛋的顺序重叠放入玻璃罐中。

🫙 **保存期限**
冷藏约 1 天
（大约是前一晚做好到次日中午）

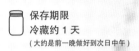

478 kcal

Three-color bowl

三色盖浇饭

便当的基本款——三色盖浇饭也可以变成玻璃罐料理喔！只要注意配色的平衡，热量就不会太多。利用豆腐来拉低热量的鸡肉松，吃起来软软的很舒服。

材料 (适合480ml的玻璃罐)

鸡蛋……1个

A [牛奶……1大匙
[盐……少许

菠菜……100g

B [酱油、捣碎的芝麻(白)
[……各1小匙

米饭……120g
鸡肉松 (做法见本页下方)……50g
生菜 (切成1cm宽的长条)……1片

做法

1 在耐热的碗内把蛋打散，加入 **A** 混合。用微波炉 (600W) 加热30秒并取出搅拌，重复3~4次，做成炒蛋。

2 菠菜用加了一点盐(分量外)的热水烫熟后浸在凉水中，然后挤干水分并切成约4cm长，与 **B** 混合。

3 依照1/3的饭、鸡肉松、1/3的饭、**2** 的菠菜、1/3的饭、**1** 的炒蛋、生菜的顺序重叠放入玻璃罐中。

🫙 保存期限
冷藏约 1 天 (大约是前一晚做好到次日中午)

先把这个做好！

香甜微辣的鸡肉松

用鸡肉糜做的肉松中有一半是豆腐，热量非常低，也不需要用油炒。生姜的辛辣味道配饭吃也超美味，很有满足感。

材料 (适合480ml的玻璃罐)

鸡肉糜……200g
豆腐 (木棉)……1 块 (300g)

A [料酒、酱油、砂糖、水……各4大匙
[生姜(磨成泥)……1小匙

做法

1 把豆腐用2张厨房纸巾包起来，放入微波炉 (600W) 中加热约1分30秒除去水分。

2 把 **1** 放入锅中加热并压碎，使水分蒸散。加入 **A** 和肉糜，一直煮到水分变少就完成了。

🫙 保存期限
冷藏 3~4 日

323
kcal

351
kcal

18

Hijiki and brown rice salad

羊栖菜与糙米的米饭沙拉

含丰富膳食纤维及矿物质且热量超低的羊栖菜是节食者的好伙伴!
糙米煮一下就可以，毫不费事。不但含有丰富的矿物质，吃起来也有嚼劲，即使分量少也能得到饱腹感。

材料 (适合480ml的玻璃罐)

糙米……30g
羊栖菜……$1^1/_2$ 大匙（干燥）
白酒醋拌酱（做法见 P.46）……$1^1/_2$ 大匙
毛豆（煮熟后从豆荚中取出）
　　……100g(豆子 50g)
玉米罐头……1/3 罐（全粒，40g)
胡萝卜（切成细丝）……1/4 根
红叶生菜（撕成容易入口的大小）……1~2 片

做法

1 在锅中放入糙米和大量的水（分量外），沸腾后继续煮15分钟，然后在平盘上铺开冷却。

2 羊栖菜泡发后用热水稍微烫一下，然后把水挤干。

3 依照拌酱、**2** 的羊栖菜、毛豆、**1** 的糙米饭、玉米粒、胡萝卜、红叶生菜的顺序重叠放入玻璃罐中。

保存期限
冷藏约 1 日（大约是前一晚做好到次日中午）

Rice mixed with salmon and shiso

鲑鱼绿叶紫苏拌饭

用市售鲑鱼松简单制作的美味拌饭。混入米饭中的芝麻咬起来脆脆的，
感觉超满足！绿叶紫苏的香气也让用餐时光更加美好。

材料 (适合480ml的玻璃罐)

米饭……100g
A [炒过的芝麻（白）……1小匙
　　 盐……少许]
鸡蛋……1 个
B [牛奶……1 大匙
　　 盐……少许]
鲑鱼松（市售品）……20g
绿叶紫苏（切成细丝）……4 片
水菜（切成 3cm 长）……1/2 棵

做法

1 在米饭中混合 **A**。

2 在耐热的碗内把蛋打散，加入 **B** 混合。用微波炉（600W）加热30秒并取出搅拌，重复3~4次，做成炒蛋。

3 依照一半量 **1** 的饭、**2** 的炒蛋、剩下的饭、鲑鱼松、绿叶紫苏、水菜的顺序重叠放入玻璃罐中。

保存期限
冷藏约 1 日（大约是前一晚做好到次日中午）

455
kcal

Bibimbap

韩式拌饭

蔬菜多多的韩式拌饭也很适合做成玻璃罐料理喔！香辣爽口的各种拌菜多到让人无法想象，但热量竟然在 500kcal 以下。

材料 (适合480ml的玻璃罐)

猪牛混合肉糜……80g

A [酱油、料酒……各2小匙
砂糖、苦椒酱……各1小匙
蒜 (捣碎)……1/3 小匙]

麻油……1/2 小匙

米饭……100g

泡菜……50g

韩式什锦拌菜 (参照本页右方)……50g

红叶生菜
(撕成容易入口的大小)……1 片

做法

1. 把肉糜放在平底锅上炒，变色之后加入 **A** 翻炒均匀，淋上一圈麻油。

2. 依照 **1** 的肉、一半量的饭、泡菜、剩余的饭、韩式什锦拌菜、红叶生菜的顺序重叠放在玻璃罐中。

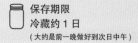
保存期限
冷藏约 1 日
(大约是前一晚做好到次日中午)

先把这个做好！

韩式什锦拌菜

加入菠菜、胡萝卜、黄豆芽 3 种蔬菜的韩式拌菜，热量很低，只要放进玻璃罐中，就立刻变成一道健康料理。蒜和芝麻的味道让人食指大动。

材料 (适合480ml的玻璃罐)

胡萝卜 (切成细丝)……1/4 根

黄豆芽……200g

菠菜 (切成 4cm 长)……1/2 束

A [捣碎的芝麻(白)……1 大匙
麻油……1 大匙
酱油……1 大匙
砂糖、醋……各 1/2 大匙
蒜 (捣碎)……1/2 小匙
盐……少许
纯辣椒粉 (可选)……适量]

做法

1. 用锅把水煮沸并加入少许的盐 (分量外)，依照胡萝卜、黄豆芽、菠菜的顺序放入锅中烫熟，取出并沥干水分。

2. 把 **1** 放入拌匀后的 **A** 中，使蔬菜完全沾上酱料，放入玻璃罐中。

保存期限
冷藏约 3 日

Lotus root and shrimps Chili bowl

干烧虾仁莲藕饭

把切成大块、咬起来松松脆脆的莲藕和美味的干烧虾仁做成玻璃罐盖浇饭。
高蛋白、低脂肪的虾仁是节食者的好朋友。

材料　（适合480ml的玻璃罐）

虾……6 只

A[盐、胡椒、太白粉……各适量

芝麻油……少许

B[葱（切细末）……1/8 根
蒜、生姜（分别捣碎）……各 1/3 小匙
豆瓣酱……1/4 小匙

莲藕（8mm 厚的扇形切）……3cm

C[番茄酱……1 大匙
砂糖……1/2 小匙
料酒……1/2 大匙
水……50ml
盐……少许

鸡蛋……1 个

D[牛奶……1 大匙
盐……少许

米饭……100g
水菜（切成 4cm 长）……1/2 棵

做法

1 虾去壳并洗掉背部的肠泥，把 **A** 揉进虾肉中。

2 用平底锅加热芝麻油，放入 **B** 并炒香，放入 **1** 的虾和莲藕拌炒，加入搅匀后的 **C** 进行熬煮。

3 在耐热的碗内把蛋打散，加入 **D** 混合。用微波炉（600W）加热30秒并取出搅拌，重复3~4次，做成炒蛋。

4 依照米饭、**3** 的炒蛋、**2** 的干烧虾仁、水菜的顺序重叠放入玻璃罐中。

保存期限
冷藏约 **1** 日（大约是前一晚做好到次日中午）

483
kcal

228
kcal

Hainan chicken rice

海南鸡饭

皮滑肉嫩的水煮鸡肉搭配用蒜与生姜制作的辣味拌酱，充满浓浓的亚洲风情。
糙米煮得稍硬一些吃起来口感更好，很有饱腹感。

材料 (适合480ml的玻璃罐)

糙米……30g

A
- 味噌、嫩煮鸡胸肉
  (做法见本页下方)的煮汁……各1大匙
- 砂糖、柠檬汁……各1/2大匙
- 蚝油……1/4大匙
- 红辣椒(去蒂去籽并切碎)……1个
- 蒜、生姜(分别捣碎)
  ……各1/4小匙

嫩煮鸡胸肉(撕成小块)……50g
小黄瓜(切成1cm的方块)……1/2根
番茄(去蒂后切成1cm的方块)……1/2个
生菜(切成1cm宽的长条)……1片

做法

1 在锅中放入糙米和大量的水(分量外)，煮沸后继续煮15分钟，然后在平盘上铺开直到冷却。

2 把 **A** 混合均匀。

3 依照 **2** 的酱汁、嫩煮鸡胸肉、**1** 的糙米饭、小黄瓜、番茄、生菜的顺序重叠放入玻璃罐中。

保存期限
冷藏约 1 日 (大约是前一晚做好到次日中午)

先把这个做好!

嫩煮鸡胸肉

嫩煮鸡胸肉可自由加进玻璃罐沙拉或饭食中。鸡胸肉的热量很低，
而且只要搭配不同酱汁就能做出各种变化，非常方便。请务必连同煮汁一起保存。

材料 (适合480ml的玻璃罐)

鸡胸肉……1片
盐、胡椒……各少许
料酒……1大匙
生姜(切成薄片)……4~5片
葱(绿色部分)……1根

保存期限
冷藏 3~4 日

做法

1 鸡肉去皮后用刀切成厚度均一的肉片，撒上盐和胡椒。

2 把材料全部放入锅中，加入刚好没过材料的水(分量外)并开火。沸腾后捞出杂质，转小火继续煮5分钟左右。关火，静置待凉。把鸡肉放入玻璃罐中，倒入刚好盖过鸡肉的汤量。

Gapaorice

零陵香鸡肉饭

鱼露的味道让人口水直流。米饭中混入干燥的零陵香，打造地道的泰式风味。
红辣椒与红甜椒所含的辣椒素有促进代谢的作用。

材料 (适合480ml的玻璃罐)

鸡肉糜……80g
色拉油……1 小匙
红辣椒 (去蒂去籽)……1 个
洋葱、红甜椒 (分别切成 1cm 的方块)……各 1/4 个
青椒 (切成 1cm 的方块)……1 个

A
蚝油、鱼露、料酒……各 1/2 大匙
水……1 大匙
蒜 (捣碎)……1/2 小匙
砂糖……少许

鸡蛋……1 个
米饭…100g
零陵香 (干燥)……1/2~1 小匙
生菜 (切成 1cm 宽的长条)……1 片

做法

1 在平底锅中放入 1/2 小匙的色拉油和红辣椒并开火，接着加入肉糜和洋葱拌炒，熟透后再加入青椒和红甜椒拌炒，最后加入 **A** 熬煮。

2 用另一只平底锅加热剩下的色拉油，打入鸡蛋做一个小的荷包蛋。用玻璃罐的盖子把多余的蛋白部分切掉。

3 在米饭里拌入零陵香叶。

4 依照 3 的米饭、1 的碎粒、生菜、2 的荷包蛋的顺序重叠放入玻璃罐中。

保存期限
冷藏约 1 日 (大约是前一晚做好到次日中午)

438
kcal

Cereals rice salad

杂粮沙拉

杂粮煮得略硬一些会很有饱腹感，蔬菜也都嚼劲十足，所以即使热量很低，
仍然可以让人满足。膳食纤维和橄榄还可以缓解便秘。

材料 (适合480ml的玻璃罐)

杂粮……30g
白酒醋拌酱（参照 P.46）……1¹/₂ 大匙
芹菜、小黄瓜（分别切成 8mm 的方块）
　　……各 1/2 根
黑橄榄（切成圆片）……30g
黄、红甜椒（分别切成 8mm 的方块）……各 1/4 个
红叶生菜（撕成容易入口的大小）……1 片

做法

1 在锅中放入杂粮和大量的水（分量外），沸腾后继续
煮10分钟，然后在平盘上铺开直到冷却。

2 依照酱料、芹菜、小黄瓜、**1** 的杂粮、黑橄榄、黄
甜椒、红甜椒、红叶生菜的顺序重叠放入玻璃罐中。

保存期限
冷藏约 1 日（大约是前一晚做好到次日中午）

303
kcal

Pasta

~意大利面~

千变万化的罐装意大利面料理，每天吃也不会腻。
只要把材料塞进玻璃罐里，就完成了一道美味又漂亮的料理。
短意大利面还有占用空间大的优势，可以防止吃得过多喔！

294
kcal

Ratatouille pasta salad

普罗旺斯炖菜风的意大利面沙拉

蔬菜与番茄的家常炖菜组合与意大利面的结合。加上低脂的卡特基奶酪，香浓顺滑，美味极了。大量的嫩菜苗则带来清爽的口感。

 **材料** （适合480ml的玻璃罐）

短意大利面（螺旋面）……30g
橄榄油……1 小匙
普罗旺斯炖菜（参照本页下方）
　……120g
卡特基奶酪……30g
嫩菜苗……10g

做法

1 把意大利面煮熟，比建议时间多煮2分钟，用网筛沥干，过凉水增加弹性，尽量沥干水分并拌入橄榄油。

2 依照普罗旺斯炖菜、**1**的意大利面、奶酪、嫩菜苗的顺序重叠放入玻璃罐中。

　保存期限
冷藏约 1 日（大约是前一晚做好到次日中午）

 先把这个做好！

普罗旺斯炖菜

把蔬菜切得大一点儿，这样蔬菜不至于过于软烂，然后同番茄一起炖煮。有了香草和蒜的香气与浓郁口感，就算没有肉也能吃得很满足。

材料 （适合480ml的玻璃罐）

茄子（去蒂，切成圆片状，泡在水中）
　……1 个
角瓜（切成圆片状）……1/2 根
黄、红甜椒（分别切成 2cm 的方块）
　……各 1/2 个
洋葱（切成 2cm 的方块）……1/4 个
蒜（压碎）……1 瓣
橄榄油……1 大匙

A
番茄罐头……1/2 罐（块状，200g）
水……1/2 杯
香叶……1 片
综合香草（干燥，可选）……适量

盐、胡椒、砂糖……各少许

做法

1 在锅中放入橄榄油和蒜，开强火，把沥干水分的茄子、角瓜、洋葱、甜椒依次加入，拌炒。

2 加入 **A** 并转小火，熬煮至黏稠。加入盐、胡椒、砂糖调味，放入玻璃罐中。

　保存期限
冷藏约 1 周

420 kcal

Tunamayo penne salad

金枪鱼沙拉笔尖面

水煮金枪鱼罐头低脂肪、高蛋白质，是节食的好帮手。
在简单的酱料中加入酸奶蛋黄酱提高浓稠度。

材料　（适合480ml的玻璃罐）

短意大利面（笔尖面）……30g
橄榄油……1 小匙

A
　金枪鱼罐头（沥干水分）
　……1 罐（水煮，80g）
　洋葱（切细碎后摊开在网筛上散去辛辣味）
　……1/4 个
　酸奶蛋黄酱（参照 P.46）……1$\frac{1}{2}$ 大匙

毛豆（煮熟后从豆荚中取出）
　……80g(豆子，40g)
小番茄（去蒂后切成 4 等份）……5 个
水菜（切成 4cm 长）……1/2 棵

做法

1　把意大利面煮熟，比建议时间多煮2分钟，用网筛沥干后过凉水使面更有弹性，之后尽量沥干水分并拌入橄榄油。

2　把 A 混合均匀。

3　依照 2 的金枪鱼蛋黄酱、1 的意大利面、毛豆、小番茄、水菜的顺序重叠放入玻璃罐中。

保存期限
冷藏约 1 日（大约是前一晚做好到次日中午）

Chicken cold pasta with Japanese yuzu pepper

日式柚子胡椒酱鸡肉意大利凉面

鸡胸肉只要去了皮，就立刻变成高蛋白质、低热量的节食良伴。
再加入口感脆嫩的藕，满足感更高。

材料　（适合480ml的玻璃罐）

特细直条意大利面……40g
洋葱（切成薄片后摊开在网筛上散去辛辣味）
　……1/8 个
橄榄油……1 小匙
莲藕（切成 5mm 厚的扇形）……50g
A [日式拌酱（参照 P.46）……1 1/2 大匙
　 柚子胡椒……1/2 小匙
嫩煮鸡胸肉（参照 P.23，撕成小块）
　……50g
水菜（切成 4cm 长）……1 棵

做法

1 把意大利面折成一半长度煮熟，并比建议时间多煮
30秒，用网筛沥干，过凉水增加弹性，尽量沥干水
分并拌入橄榄油和洋葱。

2 莲藕用加入少许醋的热水（分量外）烫熟。

3 把 A 混合均匀。

4 依照 **3** 的酱料、**2** 的莲藕、**1** 的意大利面、嫩煮鸡
胸肉、水菜的顺序重叠放入玻璃罐中。

保存期限
冷藏约 1 日（大约是前一晚做好到次日中午）

320
kcal

29

Cold genovese pasta with shrimps and kidney beans

虾仁豆角意式青酱凉面

虾的热量很低，用得再多也安心。如果希望吃起来口感更好，就把豆角换成 1/4 个牛油果，这样也很好吃，而且热量仍然低于 500kcal 喔！

材料（适合480ml的玻璃罐）

短意大利面（笔尖面）……30g
橄榄油……1 小匙
虾……6 只
洋葱（切成薄片后摊开散去辛辣味）
　　……1/4 个
A［意大利罗勒松子青酱（参照P.46）……1 大匙
　帕玛森奶酪……1 小匙
豆角（用加了盐的水烫熟后切成 2~3cm 长）
　　……4 根

做法

1 把意大利面煮熟，比建议时间多煮2分钟，用网筛沥干，过凉水增加弹性，尽量沥干水分并拌入橄榄油。

2 虾去壳并去掉背部的肠泥，撒上一点料酒（分量外），用热水迅速氽烫一下。

3 把 **A** 混合均匀。

4 依照 **3** 的酱料、洋葱、**2** 的虾、**1** 的意大利面、豆角的顺序重叠放入玻璃罐中。

保存期限
冷藏约 1 日（大约是前一晚做好到次日中午）

Tuna and tomato cold pasta

金枪鱼番茄意大利凉面

与鳀鱼酱混合的金枪鱼，水煮或油渍的热量会差到 1 倍以上，所以一定要用水煮的。番茄有燃烧脂肪的效果，是备受瞩目的减重食材。

材料（适合480ml的玻璃罐）

特细直条意大利面……40g
洋葱（切成薄片后摊开散去辛辣味）
　　……1/8 个
橄榄油……1 小匙
金枪鱼罐头（沥干水分）……1 罐（水煮，80g）
A［鳀鱼（切细碎）……1 片
　橄榄油……2 小匙
　蒜（捣碎）、盐、胡椒……各少许
番茄（去蒂后切成 2cm 的方块）……1 个
嫩菜苗……适量

做法

1 把意大利面折成一半长度并比建议时间多煮30秒，用网筛沥干，过凉水增加弹性，尽量沥干水分并拌入橄榄油和洋葱。

2 把金枪鱼和 **A** 混合。

3 依照 **2** 的鳀鱼混金枪鱼酱、**1** 的意大利面、番茄、嫩菜苗的顺序重叠放入玻璃罐中。

保存期限
冷藏约 1 日（大约是前一晚做好到次日中午）

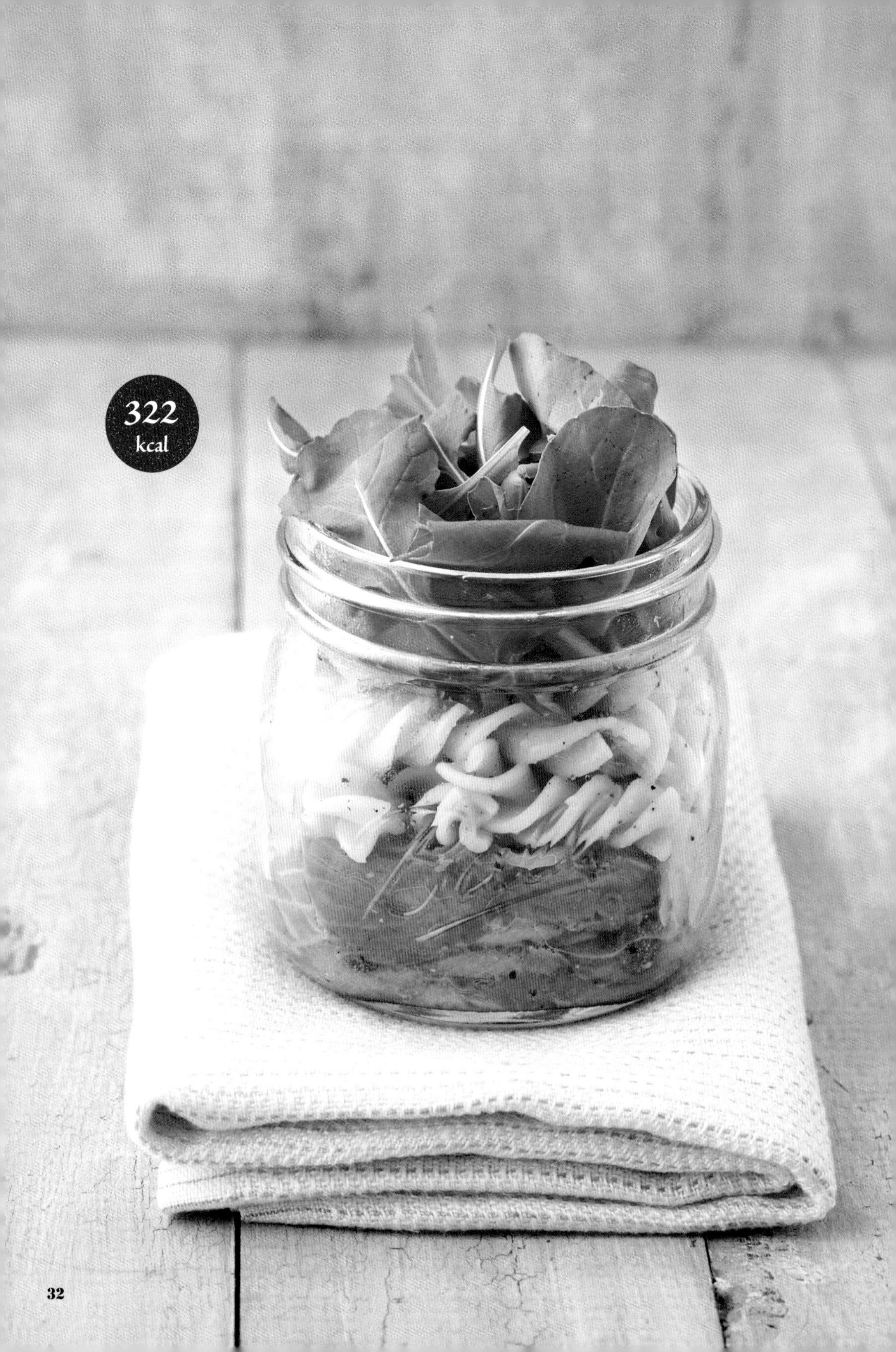
322
kcal

Smoked salmon cold pasta

烟熏三文鱼意大利凉面

只要做好烟熏鲑鱼腌菜，豪华料理也能信手拈来！
微苦的芝麻叶搭配腌汁的酸味和鲑鱼的软润口感，让食物变得更加迷人。

材料 (适合480ml的玻璃罐)

短意大利面（螺旋面）……40g

A
橄榄油……1小匙
蒜（捣碎）……1/4小匙
盐、粗粒黑胡椒……各少许

烟熏三文鱼腌菜
（做法见本页下方）……100g
芝麻叶（切成4cm长）……10g

做法

1 把意大利面煮熟，比建议时间多煮2分钟，用网筛沥干，过凉水增加弹性，尽量沥干水分并拌入 **A**。

2 依照烟熏三文鱼腌菜、**1** 的意大利面、芝麻叶的顺序重叠放入玻璃罐中。

保存期限
冷藏约 1 日（大约是前一晚做好到次日中午）

先把这个做好！

烟熏三文鱼腌菜

只要把烟熏三文鱼和香气十足的蔬菜浸在腌汁中就完成了。
三文鱼是低热量、高蛋白质的食材，具有很强的抗氧化作用，可以抗衰老。

材料 (480ml的玻璃罐)

烟熏三文鱼……200g
洋葱（切成薄片后泡水再挤干水分）
……1 个
芹菜（切成薄片）……1 根

A
白酒醋（或是醋）……3大匙
橄榄油……2大匙
盐、胡椒……各少许

续随子（可不加）……20g

做法

把 **A** 混合后放入其他材料一起拌匀，放入玻璃罐中。

保存期限
冷藏约 5 日

Caprese style pasta salad

卡普里意大利面沙拉

马苏里拉奶酪是奶酪中热量较低的。如果想把热量再降低一点儿，也可以改用卡特基奶酪来代替。

材料 (适合480ml的玻璃罐)

短意大利面（螺旋面）……30g

A ┌ 鳀鱼（切细碎）……2 片
│ 橄榄油……2小匙
└ 盐、粗粒黑胡椒……各少许

番茄（去蒂后切成 2cm 的方块）……1 个
马苏里拉奶酪（切成2cm 的方块）……1/2 个 (50g)
罗勒（撕成小块）……4 片

做法

1 把意大利面煮熟，比建议时间多煮2分钟，用网筛沥干，过凉水增加弹性，尽量沥干水分并拌入 **A**。

2 依照 **1** 的意大利面、番茄、奶酪、罗勒的顺序重叠放入玻璃罐中。

保存期限
冷藏约 1 日（大约是前一晚做好到次日中午）

337
kcal

Raw ham and avocado cold pasta

生火腿牛油果意大利凉面

把压成泥的牛油果制成意大利面酱，既健康又有饱腹感。
生火腿润滑的口感与鲜味也很令人满足。

材料 (适合480ml的玻璃罐)

特细直条意大利面……40g
洋葱（切成薄片后摊开在网筛上散去辛辣味）
　……1/8 个
橄榄油……1 小匙

A
- 牛油果（去皮去核后用汤匙压成泥）……1/2 个
- 洋葱（切细末）……1/8 个
- 橄榄油、柠檬汁……各1 小匙
- 蒜(捣碎)、 盐、粗粒黑胡椒……各少许

生火腿（撕碎）……3 片
嫩菜苗……适量

做法

1 把意大利面折成一半长度煮熟，并比建议时间多煮30秒，捞出沥干，过凉水增加弹性，尽量沥干水分并拌入橄榄油和洋葱。

2 把 **A** 混合均匀。

3 依照 **2** 的牛油果拌酱、**1** 的意大利面、生火腿、嫩菜苗的顺序重叠放入玻璃罐中。

保存期限
冷藏约 1 日（大约是前一晚做好到次日中午）

488
kcal

364
kcal

345
kcal

36

Green soybeans and whitebait cold pasta

毛豆小银鱼意大利凉面

节食中的人很容易缺乏钙质，而小银鱼所含有的丰富钙质正好可以解决这项不足。
嚼感十足的毛豆和爽脆的小黄瓜则让人吃得更有感觉。

材料 (适合480ml的玻璃罐)

特细直条意大利面……40g
洋葱 (切成薄片后摊开在网筛上散去辛辣味)
　……1/8 个
橄榄油……1 小匙
A [日式拌酱 (参照 P.46)……$1^1/_2$ 大匙
　咸梅干 (去籽后敲软)……2 个
小黄瓜 (切成 1cm 的方块)……1/2 根
毛豆 (烫熟后从豆荚中取出)……60g(豆子, 30g)
小银鱼……4 大匙
绿叶紫苏 (撕碎)……3~4 片

做法

1 把意大利面折成一半长度煮熟，并比建议时间多煮
30秒，捞出沥干，过凉水增加弹性，尽量沥干水分
并拌入橄榄油和洋葱。

2 把 A 混合均匀。

3 依照 **2** 的拌酱、小黄瓜、**1** 的意大利面、毛豆、小
银鱼、绿叶紫苏的顺序重叠放入玻璃罐中。

保存期限
冷藏约 1 日 (大约是前一晚做好到次日中午)

Hijiki and soybeans pasta salad

羊栖菜豆子意大利面沙拉

豆子很耐嚼，而且含有大量的膳食纤维，比较不容易饿，很适合节食中的人食用。
富含矿物质的羊栖菜只要放入罐中，整个颜色搭配就亮起来，看起来非常华丽。

材料 (适合480ml的玻璃罐)

短意大利面 (螺旋面)……30g
橄榄油……1 小匙
羊栖菜……$1^1/_2$ 大匙 (干品)
酸奶蛋黄酱 (参照 P.46)……2 大匙
豆类什锦罐头……1/2 罐 (60g)
番茄 (去蒂后切成 2cm 的方块)……1/2 个
水菜 (切成 4cm 长)……1 棵

做法

1 把意大利面煮熟，比建议时间多煮2分钟，捞出沥
干，过凉水增加弹性，尽量沥干水分并拌入橄榄油。

2 羊栖菜用水泡发后迅速氽烫一下，然后挤干水分。

3 依照拌酱、**2** 的羊栖菜、**1** 的意大利面、什锦豆类、
番茄、水菜的顺序重叠放入玻璃罐中。

保存期限
冷藏约 1 日 (大约是前一晚做好到次日中午)

367
kcal

Pumpkin and cream cheese pasta

南瓜奶油奶酪意大利面

利用因有美容效果而备受瞩目的杏仁来增加口感和满足感！不但可以增加饱腹感，还有抑制脂肪吸收的效果。奶油奶酪的热量很高，要注意不能加太多。

材料 (适合480ml的玻璃罐)

短意大利面 (笔尖面)……20g
橄榄油……1 小匙
南瓜迷迭香小菜
　 (做法见本页下方)……100g
奶油奶酪……30g
杏仁 (压碎)……5~6 粒
嫩菜苗……适量

做法

1 把意大利面煮熟，比建议时间多煮2分钟，捞出沥干，过凉水增加弹性，尽量沥干水分并拌入橄榄油。

2 依照南瓜迷迭香小菜、**1** 的意大利面、奶油奶酪、杏仁、嫩菜苗的顺序重叠放入玻璃罐中。

🫙 保存期限
冷藏约 1 日 (大约是前一晚做好到次日中午)

先把这个做好！

南瓜迷迭香小菜

　在南瓜温润的甜味中加入蒜和迷迭香，让用餐时光更加难忘。分量十足，可以吃得很饱。

材料 (适合480ml的玻璃罐)

南瓜……1/4 个
洋葱 (切成瓣状)……1/2 个
蒜 (压碎)
　……1 块 (拇指大小)
迷迭香……2 根
橄榄油……2 大匙
白酒醋 (或醋)……3~4 大匙
盐、胡椒……各少许

做法

1 南瓜去籽去丝瓤后用微波炉(600W)加热约2分钟，然后切成1cm厚。

2 在平底锅中放入橄榄油、蒜和迷迭香，开小火，加入 **1** 和洋葱拌炒。熟透后加入白酒醋煮至酸味消失，最后加入盐和胡椒调味，放入玻璃罐中。

🫙 保存期限
冷藏约 5 日

Other noodles

～其他面类～

亚洲风味的面食也可以做成玻璃罐料理。

香浓的芝麻香气与刺激的辛辣口感能让用餐时光更愉快、更满足。

以粉丝，魔芋丝为材料的食谱非常适合正在节食的人喔！

384
kcal

371
kcal

Hiyashichuka
中式凉面

时间越长，面也越入味，小黄瓜和鸡蛋则保持着原味，搭配在一起非常好吃。
裙带菜的热量很低，而且含有丰富的水溶性植物纤维，是节食者的最佳盟友。

材料 (适合480ml的玻璃罐)

拉面……1/2 团
麻油……1/2 小匙
鸡蛋……1/2 个
色拉油……1/2 小匙
A［ 醋……1 大匙
　　水……1/2 大匙
　　酱油……2 小匙
　　麻油、炒过的芝麻(白)……各1小匙
　　砂糖……1/2 小匙
裙带菜 (用水泡发)……2 大匙 (干燥)
小黄瓜 (切成细丝)……1/3 根
火腿片 (切成细丝)……2 片

做法

1 把面依照建议时间煮好，捞出沥干，过凉水增加弹性，尽量沥干水分，拌入麻油。

2 用平底锅加热色拉油，把打散的蛋薄薄地摊开来煎成蛋皮。从锅中取出并切成细丝。

3 把 A 混合均匀。

4 依照 **3** 的拌酱、裙带菜、**1** 的面、小黄瓜、火腿、**2** 的蛋丝的顺序重叠放入玻璃罐中。

保存期限
冷藏约 1 日 (大约是前一晚做好到次日中午)

Bangbangji noodles
棒棒鸡面

利用芝麻酱的浓郁口感缓解饮食清淡时的不满足感。
拌入香醇芝麻酱的嫩煮鸡胸肉与滑润的拉面、爽脆的蔬菜拌在一起，口感超乎预料地好！

材料 (适合480ml的玻璃罐)

拉面……1/2 团
麻油……1/2 小匙
A［ 中式拌酱 (参照 P.46)……$1^1/_2$ 大匙
　　芝麻酱(白)……2小匙
嫩煮鸡胸肉 (参照 P.23，撕成小块)……50g
小黄瓜 (切成细丝)……1/3 根
小番茄 (去蒂后切成 4 等份)……3 个
生菜 (切成 1cm 宽的条状)……1 片

做法

1 把面依照建议时间煮好，捞出沥干，过凉水增加弹性，尽量沥干水分，拌入麻油。

2 把 A 混合均匀。

3 依照 **2** 的拌酱、嫩煮鸡胸肉、**1** 的面、小黄瓜、小番茄、生菜的顺序重叠放入玻璃罐中。

保存期限
冷藏约 1 日 (大约是前一晚做好到次日中午)

Japchae

韩式炒杂菜

大口吃着甜中带辣的炒肉，感觉超满足。主食部分是粉丝，既有饱腹感，热量又很低。
大量的什锦拌菜则让营养更均衡。

材料 (适合480ml的玻璃罐)

粉丝……25g
碎牛肉……80g
麻油……1/2 小匙

A
  酱油……1 大匙
  砂糖……1 小匙
  炒过的芝麻(白)……1 小匙
  蒜(捣碎)……1/3 小匙
韩式什锦拌菜(参照 P.20)……80g

做法

1 粉丝依提示泡发后沥干水分，用料理剪刀剪成便于食用的长度。

2 用平底锅加热麻油，放入牛肉迅速拌炒，放入 **A** 拌匀。

3 依照 **2** 的牛肉、**1** 的粉丝、韩式什锦拌菜的顺序重叠放入玻璃罐中。

保存期限
冷藏约 1 日

411
kcal

炸酱面

加入豆腐的健康鸡肉酱搭配苦椒酱与芝麻的风味。
再利用生菜等的蔬菜在不增加热量的前提下加大分量。

材料 (适合480ml的玻璃罐)

拉面……1/2 团
麻油……1/2 小匙
A ⌈ 苦椒酱……1/2 大匙
  │ 炒过的芝麻(白)……1小匙
  └ 麻油……1/2 小匙
甜辣鸡肉松 (参照 P.17)……60g
小黄瓜 (切成细丝)……1/3 根
水煮蛋 (切成 8 等份)……1 个
生菜 (切成 1cm 宽的长条)……1 片

做法

1 面依建议时间煮好并捞出沥干，过凉水增加弹性，尽量沥干水分并拌入麻油。

2 把 **A** 混合均匀，拌入鸡肉松。

3 依照 **2** 的鸡肉酱、**1** 的面、小黄瓜、水煮蛋、生菜的顺序重叠放入玻璃罐中。

保存期限
冷藏约 1 日 (大约是前一晚做好到次日中午)

440
kcal

Yum woon sen

泰式凉拌粉丝

虾、番茄、芹菜等营养丰富且热量很低的食材大集合。拌酱中不含任何油脂，可以安心食用。
材料里有粉丝，所以绝对吃得饱。

材料 （适合480ml的玻璃罐）

粉丝……15g
虾……3 只
猪肉糜……30g

A
鱼露、柠檬汁……各1大匙
砂糖……1小匙
红辣椒（去蒂去籽后切成圆片）……1根
蒜（捣碎）……少许

芹菜（切成薄片）……1/4 根
紫洋葱（切成薄片后摊开在网筛上散去辛辣味）
……1/4 个
番茄（去蒂后切成2cm的方块）……1/2 个
香菜（切成2cm 长）……1~2 根

做法

1 粉丝依建议时间泡发后沥干水分，用料理剪刀剪成容易食用的长度。

2 虾去壳并洗掉背部的肠泥，和肉糜一起用热水迅速余烫一下。

3 把 A 混合均匀。

4 依照 **3** 的拌酱、**2** 的虾和肉糜、紫洋葱、芹菜、**1** 的粉丝、番茄、香菜的顺序重叠放入玻璃罐中。

保存期限
冷藏约 1 日（大约是前一晚做好到次日中午）

259
kcal

Shirataki cold noodles

魔芋丝凉面

用 100g 约 6kcal 的超低热量且含有丰富膳食纤维的魔芋丝制作的凉面沙拉。泡菜加苦椒酱风味的拌酱既美味又有层次感。

材料 （适合480ml的玻璃罐）

魔芋丝……1 袋

A
[醋……1¹/₂~2 大匙
苦椒酱、鸡骨高汤、麻油
……各1小匙]

裙带菜（用水泡发）……2 大匙（干品）
泡菜……50g
小黄瓜（切成细丝）……1/3 根
水煮蛋（切成 8 等份）……1 个

做法

1 魔芋丝用热水煮一下并沥干水分，用料理剪刀剪成容易食用的长度。

2 把 **A** 混合均匀。

3 依照 **2** 的拌酱、裙带菜、**1** 的魔芋丝、泡菜、小黄瓜、水煮蛋的顺序重叠放入玻璃罐中。

保存期限
冷藏约 1 日
（大约是前一晚做好到次日中午）

183
kcal

本书使用的

各种风味拌酱

这里要介绍几种可以自由拌进沙拉或意大利面中的风味酱料。一次多做一点儿，放在冷藏室中保存，就可以应用于各式各样的玻璃罐料理中。使用前要摇一摇，让味道均匀混合喔！

白酒醋拌酱

最简单的拌酱，什么蔬菜都能搭。
吃起来非常清爽顺口。

〔用于本书中的哪些料理〕羊栖菜与糙米的米饭沙拉 (P.19)、杂粮沙拉 (P.25)、基本款沙拉 (P.49)、意大利鸡肉沙拉 (P.50)、葡萄柚甜渍胡萝卜丝 (P.51)、尼斯沙拉 (P.53)、鸡胸肉蜂蜜黄芥末沙拉 (P.53)

材料（容易制作的分量）

橄榄油……4 大匙
白酒醋……2 大匙
砂糖……1/2 小匙
盐……1/3 小匙
粗粒黑胡椒
　……少许

做法

把所用的材料放进一个小型容器中，盖紧盖子并摇匀，完成。

保存期限

冷藏约 1 个月

日式拌酱

以酱油为基底，加入蒜和生姜，吃起来有微微的刺激感。能让沙拉吃起来更有满足感。

〔用于本书中的哪些料理〕日式柚子胡椒酱鸡肉意大利凉面 (P.29)、毛豆小银鱼意大利凉面 (P.37)、大豆羊栖菜日式白酱沙拉 (P.55)、以芝麻拌酱调味的汆烫猪肉片沙拉 (P.56)、柚子胡椒白萝卜沙拉 (P.57)、干贝莲藕芥末风味沙拉 (P.58)、秋葵山药梅汁沙拉 (P.59)

材料（容易制作的分量）

醋……2 大匙
酱油、色拉油……各 1 大匙
砂糖……1 小匙
蒜、生姜（分别捣碎）
　……各少许
盐、胡椒……各少许

做法

把所有的材料放进一个小型容器中，盖紧盖子并摇匀，完成。

保存期限

冷藏约 1 个月

中式拌酱

以酱油为基底，加入浓浓的芝麻香气。不只中式料理，韩式沙拉也可以用喔！

〔用于本书中的哪些料理〕棒棒鸡面 (P.41)、中式风粉丝沙拉 (P.61)、菠菜金枪鱼沙拉 (P.63)、浅渍泡菜 (P.63)、葱番茄沙拉 (P.64)、韩式土豆沙拉 (P.65)

材料（容易制作的分量）

酱油、醋……各 3 大匙
麻油……2 大匙
炒过的芝麻（白）……2 小匙
砂糖……1/2 小匙
盐、胡椒……各少许

做法

把所有的材料放进一个小型容器中，盖紧盖子并摇匀，完成。

保存期限

冷藏约 1 个月

酸奶蛋黄酱

蛋黄酱中加入了大量的酸奶，所以油脂和热量都被压低了，口感也更清爽。

〔用于本书中的哪些料理〕金枪鱼沙拉笔尖面 (P.28)、羊栖菜豆子意大利面沙拉 (P.37)、毛豆凉拌甘蓝 (P.67)、虾仁西兰花蔬菜沙拉 (P.68)、科布沙拉 (P.69)、牛蒡鸡胸肉沙拉 (P.71)、恺撒沙拉 (P.71)

材料（容易制作的分量）

原味酸奶……4 大匙
蛋黄酱……2 大匙
橄榄油……1 大匙
砂糖……1/2 小匙
盐、胡椒……各少许

做法

把所有的材料放进一个小型容器中，盖紧盖子并摇匀，完成。

保存期限

冷藏约 1 周

意大利罗勒松子青酱

罗勒的香气与松子的浓郁口感搭配，非常爽口。含有丰富的优质植物性脂肪以及维生素、矿物质等，具美容效果。

〔用于本书中的哪些料理〕虾仁豆角意式青酱凉面 (P.30)

材料（容易制作的分量）

罗勒……30g
松子……1½ 大匙 (15g)
蒜……2 瓣
橄榄油……5 大匙
盐……2/3 小匙
胡椒……少许

做法

把罗勒以外的材料都放进果汁机中搅打，等变得顺滑后再加入罗勒搅打。

保存期限

冷藏约 1 周

Salad Recipes

Part 2

色彩缤纷且营养充足

玻璃罐沙拉食谱

把各种颜色的蔬菜放进玻璃罐中，

做成既健康又分量十足的沙拉。

不论哪一款，即使搭配米饭或面包热量都还是在 500kcal 以下。

选用耐嚼的食材，这样就不会吃过多的饭了。

只要事先做好瓶罐的消毒，放在冷藏室中保存数日绝对没问题，

建议在闲暇时一次做出来，之后再慢慢吃。

［※ 以 1 个饭团（约为 1 碗 120g 的白饭）热量为 202kcal，
2 片法式长棍面包（约为 60g）热量为 167kcal 来计算。］

Vinegar dressing

~使用白酒醋拌酱的沙拉~

用白酒醋拌酱制作清淡无油的爽口法式沙拉，
每一道都是百吃不腻的经典风味。
搭配法式长棍面包当午餐再适合不过了！

Basic jar salad

基本款沙拉

简单地把蔬菜和水煮蛋重叠放入玻璃罐中，就能做出如此美丽的料理！
耐嚼的芹菜和莲藕让你的肠胃不会有空虚的感觉。

材料（适合480ml的玻璃罐）

莲藕（切成扇形）……50g
白酒醋拌酱（参照 P.46)……1¹/₂ 大匙
芹菜（切成薄片）……1/3 根
胡萝卜（切成细丝）……1/4 根
黑橄榄（切成圆片）……30g
水煮蛋（切成 8 等份）……1 个
红叶生菜
　（撕成容易入口的大小）……1 片

做法

1　莲藕用加了少许醋和盐（皆为分量外）的热水烫熟后摊开晾凉。

2　依照拌酱、芹菜、胡萝卜、黑橄榄、**1** 的莲藕、水煮蛋、红叶生菜的顺序重叠放入玻璃罐中。

保存期限
冷藏 2~3 日

277 kcal ＋ 法式长棍面包2片 ＝ 444 kcal

Italian chicken salad

意大利鸡肉沙拉

加了鸡胸肉且分量十足的沙拉再加上又大又圆的葡萄柚，汁多味美，令人垂涎。
葡萄柚还有促进脂肪燃烧的作用。

材料 (适合480ml的玻璃罐)

鸡胸肉……1/4 片 (50g)

盐、胡椒……各少许

料酒……1 小匙

A {
白酒醋拌酱 (参照 P.46)
……$1^1/_2$ 大匙
罗勒 (或奥勒冈等)
……少许 (干燥)
}

番茄 (去蒂去籽后切成 1cm 的方块)
……1/2 个

小黄瓜 (切成 1cm 的方块)
……1/2 根

葡萄柚 (除去薄皮后切成一口大小)
……1/4 个

红叶生菜 (撕成容易入口大小)
……1 片

做法

1. 鸡胸肉去皮后用刀子划几道并展开，使整块肉厚度均一。撒上盐和胡椒并搓揉入味。放进耐热容器中，洒上料酒，盖上保鲜膜，用微波炉 (600W) 加热2~3分钟，拿出来放凉，撕成容易入口的大小。

2. 把 **A** 混合均匀。

3. 依照 2 的拌酱、番茄、小黄瓜、葡萄柚、1 的鸡胸肉、红叶生菜的顺序重叠放入玻璃罐中。

保存期限
冷藏 2~3 日

208 kcal **+** 法式长棍面包 2 片

=

375 kcal

白酒醋拌酱 (参照 P.46)
　　……1¹⁄₂ 大匙
葡萄柚 (除去薄皮后大略切一切)
　　……1/4 个
芹菜 (切成薄片)……1/3 根
胡萝卜 (切成细丝)……1/2 根
葡萄干……1 大匙
核桃 (捣成小粒)……2 粒
嫩菜苗……适量

做法

依照拌酱、葡萄柚、芹菜、胡萝卜、
葡萄干、核桃、嫩菜苗的顺序重叠放
入玻璃罐中。

保存期限
冷藏 4~5 日

Carottes Rapees with grapefruits

葡萄柚甜渍胡萝卜丝

　　大量的胡萝卜丝配上香香的核桃与甘甜的葡萄干，可慢慢享受其
丰富的口感及风味。浸泡在拌酱中的葡萄柚果肉更加深了这道料理的
深度。

322 kcal + 法式长棍面包2片 = 489 kcal

264 kcal + 法式长棍面包2片 = 431 kcal

尼斯沙拉

加在拌酱中的蒜泥与鳀鱼的甘甜味很搭配。
大量的新鲜蔬菜和水煮蛋以及黑橄榄搭配在一起，是能够令人满足的沙拉。

材料 (适合480ml的玻璃罐)

A ┌ 白酒醋拌酱 (参照 P.46)……1¹/₂ 大匙
  │ 蒜 (捣碎)……少许
  └ 鳀鱼 (切细碎)……1 片

金枪鱼罐头 (沥干水分)……1 罐 (水煮，80g)
小黄瓜 (切成 1cm 的方块)……1/2 根
黑橄榄 (切成圆片状)……30g
番茄 (去蒂去籽后切成 2cm 的方块)……1/2 个
水煮蛋 (切成 8 等份)……1 个
红叶生菜 (撕成容易入口的大小)……1 片

做法

1 把 **A** 混合均匀。

2 依照 **1** 的拌酱、金枪鱼、小黄瓜、黑橄榄、番茄、水煮蛋、红叶生菜的顺序重叠放入玻璃罐中。

🫙 保存期限
冷藏 2~3 日

鸡胸肉蜂蜜黄芥末沙拉

高蛋白质低热量的鸡胸肉是节食者的超级战友，和浓郁的拌酱搭起来味道好极了。
嚼劲十足的莲藕和胡萝卜丝配上切成小方块的奶酪会非常可爱！

材料 (适合480ml的玻璃罐)

鸡胸肉……1/4 片 (50g)
盐、胡椒……各少许
料酒……1 小匙
莲藕 (切成扇形)……50g

A ┌ 白酒醋拌酱 (参照 P.46)……1大匙
  │ 黄芥末粒……1小匙
  └ 蜂蜜……1/2 小匙

芹菜 (切成薄片)……1/3 根
胡萝卜 (切成细丝)……1/4 根
小块奶酪 (切成 1cm 的方块)……2 个
嫩菜苗……适量

做法

1 鸡胸肉去皮后用刀子划几道并展开，使整块肉厚度均一。撒上盐和胡椒并搓揉入味。放进耐热容器中，洒上料酒，盖上保鲜膜，用微波炉(600W)加热2~3分钟，拿出来放凉，撕成容易入口的大小。

2 莲藕用加了少许醋和盐(皆为分量外)的热水烫熟。

3 把 **A** 混合均匀。

4 依照 **3** 的拌酱、芹菜、**2** 的莲藕、胡萝卜、奶酪、**1** 的鸡胸肉、嫩菜苗的顺序重叠放入玻璃罐中。

🫙 保存期限
冷藏 2~3 日

Wafu dressing

～使用日式拌酱的沙拉～

以酱油为基础的拌酱。蒜与生姜的浓烈风味能满足你的口腹之欲，而且热量很低又很有饱腹感。白萝卜、羊栖菜、山药、酸梅等健康的日式食材既新鲜又美味。

··

Soybeans and hijiki salad with tofu

大豆羊栖菜日式白酱沙拉

加了很多含有丰富优质蛋白质的大豆，可以保持很长一段时间不饿。
把豆腐均匀地拌开，就变成日式白酱沙拉。与蔬菜的口感形成对比，吃起来很有趣。

材料 (适合480ml的玻璃罐)

豆腐 (木棉)……1/3 块 (100g)
羊栖菜……1 大匙 (干燥)
日式拌酱 (参照 P.46)……1$\frac{1}{2}$ 大匙
大豆罐头 (沥干水分)
　　……1/2 罐 (水煮，50g)
小黄瓜 (切成 1cm 的方块)……1/2 根
红甜椒 (切成粗粒状)……1/4 个
水菜 (切成 3cm 长)……1/2 棵

做法

1　把豆腐用2张厨房纸巾包起来，放入微波炉(600W)中加热约1分30秒，除去水分并切成一口大小。

2　羊栖菜泡发后用热水余烫一下并沥干水分。

3　依照拌酱、**2** 的羊栖菜、大豆、小黄瓜、甜椒、**1** 的豆腐、水菜的顺序重叠放入玻璃罐中。

保存期限
冷藏 2~3 日

231 kcal ＋ 饭团 1 个 ＝ 433 kcal

用芝麻拌酱调味的猪肉片沙拉

猪肉片的油脂都煮掉了，吃进肚子里的是健康和元气。
白萝卜、嫩萝卜缨等口味清淡的蔬菜与加了芝麻酱的浓郁拌酱堪称绝妙组合。

材料 (适合480ml的玻璃罐)

火锅猪肉片……50g

A [日式拌酱 (参照 P.46)
……$1\frac{1}{2}$ 大匙
芝麻酱……1小匙]

白萝卜 (切成细丝)……2cm 长
小番茄 (去蒂后切成 4 等份)
……5 个
萝卜缨 (对半切)……1 小把

做法

1 猪肉用加了一点儿料酒(分量外)
的热水烫熟。

2 把 A 混合均匀。

3 依照 2 的拌酱、白萝卜、小番
茄、1 的猪肉、萝卜缨的顺序重
叠放入玻璃罐中。

保存期限
冷藏 2~3 日

饭团 1 个

240 kcal + = 442 kcal

95 kcal + 饭团 1 个 = 297 kcal

Japanese radish salad with yuzu pepper

柚子胡椒白萝卜沙拉

在加入香辣口味的柚子胡椒拌酱的浸泡下，切成细丝的白萝卜有了更具风格的口感。热量超低，就算饭团里加了三文鱼等的配料，热量也还是低于 400kcal。

材料 (适合480ml的玻璃罐)

A [日式拌酱 (参照 P.46)
......1¹⁄₂ 大匙
柚子胡椒......1/2 小匙]
白萝卜 (切成细丝)......约 3cm 长
秋葵 (用盐水烫熟后去蒂并切成 1cm 宽的
圆片)......5 个
红甜椒 (切成细丝)......1/4 个
绿叶紫苏 (切细碎)......4 片
水菜 (切成 3cm 长)......1/2 棵

做法

1 把 **A** 混合均匀。

2 照 **1** 的拌酱、白萝卜、秋葵、甜椒、绿叶紫苏、水菜的顺序重叠放入玻璃罐中。

保存期限
冷藏 4~5 日

干贝莲藕芥末风味沙拉

干贝的热量很低，而且味道极其鲜美，可以瞬间把一道普通的沙拉提升到豪华等级。
山药的黏液还有延缓糖分吸收的效果。山药的分量可依个人喜好增减。

材料 (适合480ml的玻璃罐)

莲藕 (切成扇形)……50g

A [日式拌酱 (参照 P.46)
……1$\frac{1}{2}$ 大匙
山葵……1/2 小匙]

干贝罐头 (沥干水分)……1 罐 (60g)
小黄瓜 (切成 1cm 的方块)
……1/2 根
山药 (切成短条)……50g
小番茄 (去蒂后切成 4 等份)
……5 个
水菜 (切成 3cm 长)……1/2 棵

做法

1 莲藕用加了少许醋和盐(皆为分量外)的热水烫熟。

2 把 **A** 混合均匀。

3 依照 **2** 的拌酱、干贝、**1** 的莲莲藕、小黄瓜、山药、小番茄、水菜的顺序重叠放入玻璃罐中。

保存期限
冷藏 3~4 日

饭团 1 个

191 kcal +

=

393 kcal

火锅猪肉片……50g

A [日式拌酱 (参照 P.46)
……$1^1/_2$ 大匙
酸梅(去籽后捣碎)……2个

山药(切成1.5cm的方块)……100g

秋葵(用盐水烫熟后去蒂开切成1cm宽
的圆片)……5个

绿叶紫苏(切细碎)……4片
萝卜缨(对半切开)……1小把

做法

1 猪肉用加了一点儿料酒(分量外)
的热水烫熟。

2 把 **A** 混合均匀。

3 依照 **2** 的拌酱、山药、秋葵、**1**
的猪肉、绿叶紫苏、萝卜缨的顺
序重叠放入玻璃罐中。

保存期限
冷藏 2~3 日

262 kcal **+** 饭团 1 个 **=** 464 kcal

Okra and chinese yam salad with pickled plum

秋葵山药梅汁沙拉

秋葵与山药的黏黏蔬菜组合再加上猪肉,在精神不振的日子里给
你充电。酸梅和绿叶紫苏的香气也能提升食欲。

Chinese dressing

~使用中式拌酱的沙拉~

散发着芝麻香气的拌酱能让人　口接　口吃下蔬菜满满的中式以及韩式沙拉。豆芽、菠菜、葱、小黄瓜等低热量的常见蔬菜在酱料的衬托下变得更加美味了。

Chinese style vermicelli salad

中式粉丝沙拉

这是一道加了粉丝和火腿，分量十足的中式沙拉。耐嚼的黄豆芽带来出乎意料的满足感。还加了很多切成细丝的蔬菜。

材料 (适合480ml的玻璃罐)

粉丝……15g
黄豆芽……70g
中式拌酱 (参照 P.46)……$1^1/_2$ 大匙
胡萝卜 (切成细丝)……1/3 根
小黄瓜 (切成细丝)……1/2 根
火腿片 (切成 5mm 宽的丝)……2 片

做法

1 粉丝依指示泡发后沥干水分，用料理剪刀剪成容易食用的长度。

2 黄豆芽放进耐热容器中并松松地盖上保鲜膜，用微波炉(600W)加热2分钟并沥干水分。

3 依照拌酱、胡萝卜、小黄瓜、**2** 的黄豆芽、**1** 的粉丝的顺序重叠放入玻璃罐中。

保存期限
冷藏 2~3 日

219 kcal ＋ 饭团 1 个 ＝ 421 kcal

196 kcal **+**  饭团 1 个 **=** 398 kcal

120 kcal **+** 饭团 1 个  **=** 322 kcal

菠菜金枪鱼沙拉

在中式拌酱里加入芝麻酱，更香更美味。菠菜、黄豆芽等都是烫过的，这样同样的容量却可以吃到更多的蔬菜。

材料 (适合480ml的玻璃罐)

菠菜……1 把
黄豆芽……70g
A ┌ 中式拌酱 (参照P.46)……1 大匙
  │ 芝麻酱……1 小匙
  └ 盐……少许
金枪鱼罐头 (沥干水分)……1 罐 (水煮，80g)
番茄 (去蒂去籽后切成2cm的方块)……1/2 个
红叶生菜 (撕成容易入口的大小)……1 片

做法

1 菠菜用加了少许盐(分量外)的热水烫熟并挤干水分，切成3cm长。

2 黄豆芽放进耐热容器中并松松地盖上保鲜膜，用微波炉(600W)加热2分钟并沥干水分。

3 把 A 混合均匀。

4 依照 3 的拌酱、金枪鱼、1 的菠菜、2 的黄豆芽、番茄、红叶生菜的顺序重叠放入玻璃罐中。

保存期限
冷藏 2~3 日

浅渍泡菜

在中式拌酱里加入麻油和蒜，就可以变成韩式风味。
胡萝卜等切成细丝状的耐嚼蔬菜，即使热量不高也会很有饱足感。

材料 (适合480ml的玻璃罐)

A ┌ 中式拌酱 (参照P.46)……1 大匙
  │ 麻油……1 小匙
  │ 蒜 (捣碎)……1/4 小匙
  └ 盐……少许
葱 (切成细丝并泡水，沥干水分)……1/4 根
胡萝卜 (切成细丝)……1/3 根
小黄瓜 (切成细丝)……1/2 根
红叶生菜 (撕成容易入口的大小)……1 片

做法

1 把 A 混合均匀。

2 依照 1 的拌酱、葱、胡萝卜、小黄瓜、红叶生菜的顺序重叠放入玻璃罐中。

保存期限
冷藏 4~5 日

Leek tomato salad

番茄葱沙拉

葱花里饱含着拌酱的甘甜味，虽然简单，却很能刺激食欲。
黄豆芽是热量很低且富含膳食纤维、蛋白质、矿物质的优秀食材。番茄也鲜甜多汁，营养丰富。

材料 (适合480ml的玻璃罐)

黄豆芽……70g
中式拌酱 (参照 P.46)……$1^{1}/_{2}$ 大匙
葱 (切细末)……5cm 长
小黄瓜 (纵向切半后再切成薄片)
　……1/2 根
番茄 (去蒂后切成块)
　……1/2 个

做法

1　黄豆芽放进耐热容器中并松松地
　盖上保鲜膜，用微波炉(600W)
　加热2分钟并沥干水分。

2　依照拌酱、葱、小黄瓜、1 的黄
　豆芽、番茄的顺序重叠放入玻璃
　罐中。

保存期限
冷藏 2~3 日

饭团 1 个

103 kcal ＋  ＝ **305** kcal

土豆……2 个 (150g)

A [中式拌酱 (参照 P.46)、蛋黄酱
……各 1/2 大匙
苦椒酱……1小匙

菠菜……1/2 棵

胡萝卜 (切成细丝)……1/4 根

做法

1 土豆洗净后用保鲜膜包起来，放
进微波炉(600W)中加热约3分
钟。去皮并切成一口大小，抹上
混合好的 **A**。

2 菠菜用加了一点儿盐(分量外)的
热水烫熟后挤干水分并切成3cm
长。

3 依照 1 的土豆和拌酱、2 的菠
菜、胡萝卜的顺序重叠放入玻璃
罐中。

保存期限
冷藏 3~4 日

237 kcal
+
饭团 1 入
=
439 kcal

Korean style potato salad

韩式土豆沙拉

能吃到大量黄色及绿色蔬菜的香辣土豆沙拉。
以中式拌酱为底，加入蛋黄酱和苦椒酱，增加浓郁醇厚的口感。

Creamy dressing

~ 使用酸奶蛋黄酱的沙拉 ~

使用以蛋黄酱和酸奶调制的酸奶蛋黄酱制作分量十足的沙拉。
从简单的凉拌卷心菜到可以吃得超满足的豪华沙拉，各式各样的食谱等您来尝试。

Soybeans and coleslaw

凉拌毛豆甘蓝

毛豆和玉米摆在一起，看起来好可爱。一粒一粒的玉米、毛豆和切成细丝的蔬菜一起嚼在嘴里有着不同的感觉真有趣！毛豆有抑制脂肪吸收的作用，也可以防止吃得过多。

材料 (适合480ml的玻璃罐)

酸奶蛋黄酱 (参照 P.46)……$1^1/_2$ 大匙
洋葱 (切细碎后摊开在网筛上散去辛辣味)
　……1/8 个
胡萝卜 (切成细丝)……1/4 根
毛豆 (烫熟后从豆荚中取出)
　……80g(豆子，40g)
玉米罐头 (沥干水分)
　……全粒，60g
甘蓝 (切成细丝)……2 片

做法

依照拌酱、洋葱、胡萝卜、毛豆、玉米粒、甘蓝的顺序重叠放入玻璃罐中。

保存期限
冷藏 4~5 日

243 kcal + 法式长棍面包2片 = 410 kcal

虾仁西兰花蔬菜沙拉

纽约风的健康料理，有肥美的鲜虾和营养丰富的西兰花。加了黄芥末粒的酸奶蛋黄酱与牛蒡的风味也很搭。

材料 (适合480ml的玻璃罐)

虾……6 只
西兰花 (分成小朵)……60g
牛蒡……1/2 根

A
[酸奶蛋黄酱 (参照 P.46)
……1$\frac{1}{2}$ 大匙
黄芥末粒……1 小匙

综合豆类罐头……60g
生菜 (切成 1cm 宽的长条)……1 片

做法

1 虾去壳并洗掉背部的肠泥，洒上一点儿料酒(分量外)，和西兰花一起用热水烫熟。

2 牛蒡削成片并用加了少许盐和醋(皆为分量外)的热水烫熟。

3 把 **A** 混合均匀。

4 依照 **3** 的酱料、**2** 的牛蒡、综合豆类、**1** 的西兰花、**1** 的虾、生菜的顺序重叠放入玻璃罐中。

保存期限
冷藏 2~3 日

277 kcal **+** 法式长棍面包2片 **=** **444** kcal

虾……6 只

西兰花 (分成小朵)……60g

A ┌ 酸奶蛋黄酱 (参照P.46)
　　　……$1^1/_2$ 大匙
　　│ 番茄酱……1 小匙
　　└ 辣椒粉……少许

洋葱 (切细碎后摊开散去辛辣味)
　……1/8 个

牛油果 (去皮去核后切成 2~3cm 的方
　块，淋上一点点柠檬汁)……1/4 个

黑橄榄 (切成圆片状)……30g

水煮蛋 (切成 8 等份)……1 个

嫩菜苗……适量

做法

1　虾去壳并洗掉背部的肠泥，洒上
　一点儿料酒 (分量外)，和西兰花
　一起用热水烫熟。

2　把 **A** 混合均匀。

3　依照 **2** 的拌酱、洋葱、牛油果、
　黑橄榄、**1** 的虾、**1** 的西兰花、
　水煮蛋、嫩菜苗的顺序重叠放入
　玻璃罐中。

保存期限
冷藏 2~3 日

317
kcal

+ 法式长棍面包2片

=

484
kcal

Cobb salad

科布沙拉

　　有虾、牛油果、水煮蛋等，分量十足，就算肚子很饿也能满足。
拌酱是奥罗拉 (Sauce Aurore) 风的浓郁口味。黑橄榄在整道料理中
起到画龙点睛的效果。

299
kcal
+
法式长棍面包2片

=
466
kcal

332
kcal
+
法式长棍面包2片
=
499
kcal

70

Burdock and chicken tender

牛蒡鸡胸肉沙拉

颜色平淡却很耐嚼的牛蒡、脆脆的胡萝卜、甜甜的玉米、香嫩多汁的鸡胸肉等，每样食材都
发挥了自己的特点，吃起来相当满足。芝麻的香味也令人食欲大开。

材料 (适合480ml的玻璃罐)

无皮鸡胸肉……2 条 (50g)
盐、胡椒……各少许
料酒……1 小匙
牛蒡……1/2 根
A ┌ 酸奶蛋黄酱 (参照P.46)
  │   ……1¹/₂ 大匙
  └ 捣碎的芝麻 (白)……1/2 大匙
玉米罐头 (沥干水分)……全粒，60g
胡萝卜 (切成细丝)……1/6 根
生菜 (切成 1cm 宽的长条)……1 片

做法

1 鸡柳摊开并去筋，揉入盐和胡椒调味。放入耐热容器中，洒上料酒，盖上保鲜膜，用微波炉 (600W) 加热1分30秒，拿出来放凉，撕成容易入口的小块。

2 牛蒡削成片后，用加了少许盐和醋 (皆为分量外) 的热水煮熟。

3 把 A 混合均匀。

4 依照 3 的拌酱、2 的牛蒡、玉米粒、胡萝卜、1 的鸡柳、生菜的顺序重叠放入玻璃罐中。

保存期限
冷藏 2~3 日

Caesar salad

凯撒沙拉

可以吃到许多爽脆的生菜。培根、综合豆类、牛油果都是能够提供饱足感的材料。
奶酪粉和蒜发挥了提升食欲的效果。

材料 (适合480ml的玻璃罐)

培根 (大略切成1cm 宽)……1 片 (20g)
A ┌ 酸奶蛋黄酱 (参照P.46)
  │   ……1¹/₂ 大匙
  │ 奶酪粉……1/2 大匙
  │ 蒜 (捣碎)、粗粒黑胡椒
  └   ……各少许
牛油果 (去皮去核后切成 2~3cm 的方块，
    淋上一点柠檬汁)……1/4 个
综合豆类罐头……60g
生菜 (切成 1cm 宽的长条)……2~3 片

做法

1 把培根摊开在厨房纸巾上，用微波炉 (600W) 加热1分30秒。

2 把 A 混合均匀。

3 依照 2 的拌酱、牛油果、综合豆类、生菜、1 的培根的顺序重叠放入玻璃罐中。

保存期限
冷藏 2~3 日

本书使用的

谁都能轻松装罐的
4 个要领

玻璃罐中装着各种不同颜色的食材，看起来真是美极了！
只要注意 4 个要领，初学者也能装得很顺利，而且越做越开心喔！

1 食材的大小保持一致

利用切法等尽量使食材的大小一致，这样材料会更容易放进罐里，外观也会更漂亮。例如配合烫熟的虾把豆角切成相等的长度，或是配合豆类的大小，把小黄瓜、番茄等切成小方块……如此一来，不但食用更方便，感觉上也会更美味。

2 酱汁或饭要在最下层

如果是沙拉或面，就把酱汁放在最下面，这是基本。接下来放浸泡到酱汁也会很好吃的食材。蔬菜则是重叠在最上层，这样不但看起来更新鲜，吃起来也会更爽脆。如果是饭食的话，就把饭摆在最下面，然后像做盖浇饭那样的顺序重叠，这样就会可爱又好吃。

3 小的在下面，大的在上面

如果食材的大小不一样，就尽量把小的放在下面，大的放在上面。这种重叠方式可以让食材的层次看起来更美。如果把大的食材放在下面，小的食材就有可能会落入大的食材的缝隙中。如此一来，不但填塞食材会更花时间，外观也不容易漂亮。

4 把周围塞紧就不会乱掉

放入的食材尽量不要塞得太紧，最好松松地放，只有外围部分可以用筷子轻轻推一推塞紧。只要这里坚固了，就算里面松松的也不会乱掉，这样可以保持漂亮的外观。

Part 3

超适合当早餐或下午茶

玻璃罐饮品

只要在玻璃罐中放入思慕雪，就可以享用一顿满是蔬菜水果的幸福早餐。

依颜色不同，有着缓解疲劳或抗衰老的不同作用。

只要配合当天的身体状况或心情选择要喝的种类即可。

此外也有可以保存在玻璃罐中的手工饮品食谱供您参考。

既适合一个人的豪华下午茶时光也可以用来款待宾客，绝对不失体面。

Pinksmoothie

粉红思慕雪

把富含维生素 C，具美白效果的草莓与甜椒做成美味的饮品。推荐您在紫外线较强的季节饮用。可以加入豆浆、蜂蜜等增添甜味喔!

材料 (适合480ml的玻璃罐)

草莓 (去蒂)……7 个
红甜椒 (去蒂去籽后切成适当的大小)
　……1/2 个
豆浆……1 杯
蜂蜜……1/2 大匙或更多

做法

把所有材料放入果汁机中搅打约 1 分钟，直至整体变得滑顺为止，倒入玻璃罐中。

保存期限
当日食用

240
kcal

Brown smoothie

棕色思慕雪

牛油果和杏仁露中所含的维生素 E 有抗氧化的效果，可以抗衰老。可可中的多酚也有很强的抗氧化作用。

材料 (适合480ml的玻璃罐)

牛油果（去皮去核后切成适当的大小）……1/2 个（约 60g）
杏仁露……1 杯
可可粉……1 大匙
蜂蜜……2 小匙或更多
水……1/2 杯

做法

把所有材料放入果汁机中搅打约 1 分钟，直至整体变得滑顺为止，倒入玻璃罐中。

保存期限
当日食用

213 kcal

Yellow smoothie

黄色思慕雪

可让人神清气爽的黄色有舒压的效果。利用蔬菜和水果中的维生素 C 来消除疲劳，豆浆中的色氨酸则能让人心情放松。

材料 (适合480ml的玻璃罐)

菠萝（去皮去芯后切成适当的大小）……果肉 100g
黄甜椒（去蒂去籽后切成适当的大小）……1/2 个
豆浆、水……各 1/2 杯或更多
蜂蜜……1/2 大匙或更多

做法

把所有材料放入果汁机中搅打约 1 分钟，直至整体变得滑顺为止，倒入玻璃罐中。

保存期限
当日食用

146 kcal

Purple smoothie

紫色思慕雪

含有丰富的膳食纤维，具有健胃利肠的效果。等重的干黑枣的膳食纤维是鲜黑枣的 3 倍以上！

材料 （适合480ml的玻璃罐）

黑枣……3 个（干燥，去核）
蓝莓……50g
苹果（去核后切成适当大小）……1/4 个
酸奶……100g
水……1/2 杯或更多

做法

把所有材料放入果汁机中搅打约 1 分钟，直至整体变得滑顺为止，倒入玻璃罐中。

保存期限
当日食用

Red smoothie

红色思慕雪

红色思慕雪可以帮我们消除疲劳，恢复元气！番茄、苹果中所含的柠檬酸和苹果酸可以促进新陈代谢，使身体不易疲劳。

材料 （适合480ml的玻璃罐）

番茄（去蒂后切成适当的大小）……1 个
苹果（去核后切成适当的大小）……1/4 个
蜂蜜……1/2 大匙或更多
水……1/2 杯或更多

做法

把所有材料放入果汁机中搅打约 1 分钟，直至整体变得滑顺为止，倒入玻璃罐中。

保存期限
当日食用

Green smoothie

绿色思慕雪

小松菜的铁含量比菠菜还高，和富含维生素 C
的猕猴桃一同食用，可以提高铁质的吸收率，达
到预防贫血的效果。

材料 (适合480ml的玻璃罐)

小松菜 (切成适当的大小)……1/2 棵
猕猴桃 (去皮后切成适当的大小)……1 个
蜂蜜……1/2 大匙或更多
水……1 杯或更多

做法

把所有材料放入果汁机中搅打约 1 分钟，直至整
体变得滑顺为止，倒入玻璃罐中。

保存期限
当日食用

97
kcal

Orange smoothie

橘色思慕雪

感觉身体略显水肿时，就喝用胡萝卜和橙子制成
的含丰富钾离子的思慕雪吧！可以帮助排除体内
多余的水分喔！

材料 (适合480ml的玻璃罐)

胡萝卜 (切成适当的大小)……1/2 根
橙子 (除去外皮后切成适当的大小)……1 个
蜂蜜……1/2 大匙或更多
水……1 杯或更多

做法

把所有材料放入果汁机中搅打约 1 分钟，直至整
体变得滑顺为止，倒入玻璃罐中。

保存期限
当日食用

94
kcal

Non-alcoholic sangria

无酒精桑格利亚

在葡萄汁中加入水果和肉桂，制出健康的成人饮品。
用葡萄汁代替葡萄酒，口味依旧经典。

材料 (适合480ml的玻璃罐)

苹果 (去核后切成容易食用的大小)
　……1/8 个
草莓 (去蒂后切半)……3 个
柠檬 (无蜡，洗净后切成薄片)
　……2 片
香蕉 (切成容易食用的大小)……1/2 根
肉桂棒 (可选)……1 根
葡萄汁 (100% 果汁)……1 杯或更多

做法

把所有材料放入玻璃罐中，静置半天左右。

 保存期限
冷藏约 1 周时间

164 kcal

Homemade ginger ale

自制
姜汁汽水

没想到姜汁汽水也可以自己在家轻松做！新鲜的生姜风味自然地溶入整杯饮料中，真是好喝极了！

材料 (适合480ml的玻璃罐)

生姜（切成薄片）……200g
砂糖……200g
水……1 杯
红辣椒（去蒂去籽）……2 根
柠檬汁……1 大匙

做法

把柠檬汁以外的材料放入锅中并开火，煮 15~20 分钟除去苦涩味，加入柠檬汁并稍微放凉，倒入玻璃罐中保存。

保存期限
冷藏 1 个月以上

1 杯分量 (2 大匙)

123 kcal

Homemade rosemary lemonade

自制
迷迭香柠檬饮

柠檬具有预防感冒的效果。浸泡在玻璃罐中的模样也很可爱，这是只有自制才能尝到的柔和口味。

材料 (适合480ml的玻璃罐)

柠檬（无蜡，洗净后切成薄片）……2 个
迷迭香……2 根
砂糖、蜂蜜……各 50g

做法

把所有材料放入玻璃罐中，静置半天以上并等砂糖溶化。

保存期限
冷藏 1 个月以上

1 杯分量 (2 大匙)

133 kcal

喝法

以姜汁汽水 2~3 大匙兑入苏打水、热水或红茶等 2 杯的比例稀释饮用。

喝法

以迷迭香柠檬饮 2~3 大匙兑入苏打水、热水或红茶等 2 杯的比例稀释饮用。

OISHIKU YASERU JAR RECIPE

Copyright© Kana Kitajima, Fusosha Publishing, Inc. 2015

Chinese translation rights in simplified characters arranged with FUSOSHA PUBLISHING, INC.

through Japan UNI Agency, Inc., Tokyo

图书在版编目（ＣＩＰ）数据

玻璃罐瘦身轻食 /(日) 北嶋佳奈著；邢俊杰译. — 沈阳：辽宁科学技术出版社，2017.6

ISBN 978-7-5591-0204-1

Ⅰ. ①玻⋯ Ⅱ. ①北⋯ ②邢⋯ Ⅲ. ①沙拉 – 减肥 – 菜谱

Ⅳ. ①TS972.118

中国版本图书馆CIP数据核字(2017)第075912号

出版发行：辽宁科学技术出版社

（地址：沈阳市和平区十一纬路25号 邮编：110003）

印 刷 者：辽宁新华印务有限公司

经 销 者：各地新华书店

幅面尺寸：168mm×230mm

印 张：5

字 数：50千字

出版时间：2017年6月第1版

印刷时间：2017年6月第1次印刷

责任编辑：张丹婷

封面设计：袁 舒

版式设计：袁 舒

责任校对：尹 昭

书 号：ISBN 978-7-5591-0204-1

定 价：23.80元

电话：024-23280272 联系人：张丹婷 编辑
E-mail: 1780820750@QQ.com
邮购热线：024-23284502